哈哈哈！有趣的动物（第三辑）

海洋里的动物

〔法〕蒂埃里·德迪厄 著

大南南 译

湖南教育出版社

·长沙·

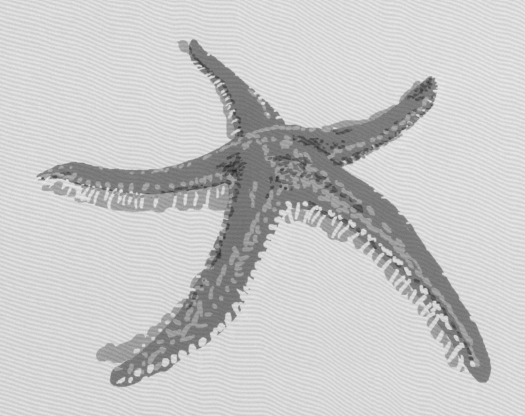

虾虎鱼，你怎么被冲到岸上了？
我来把你放回海里！

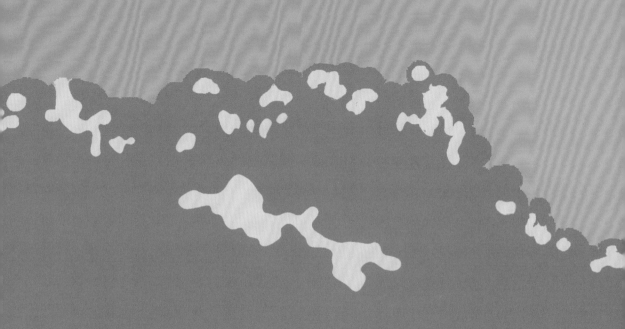

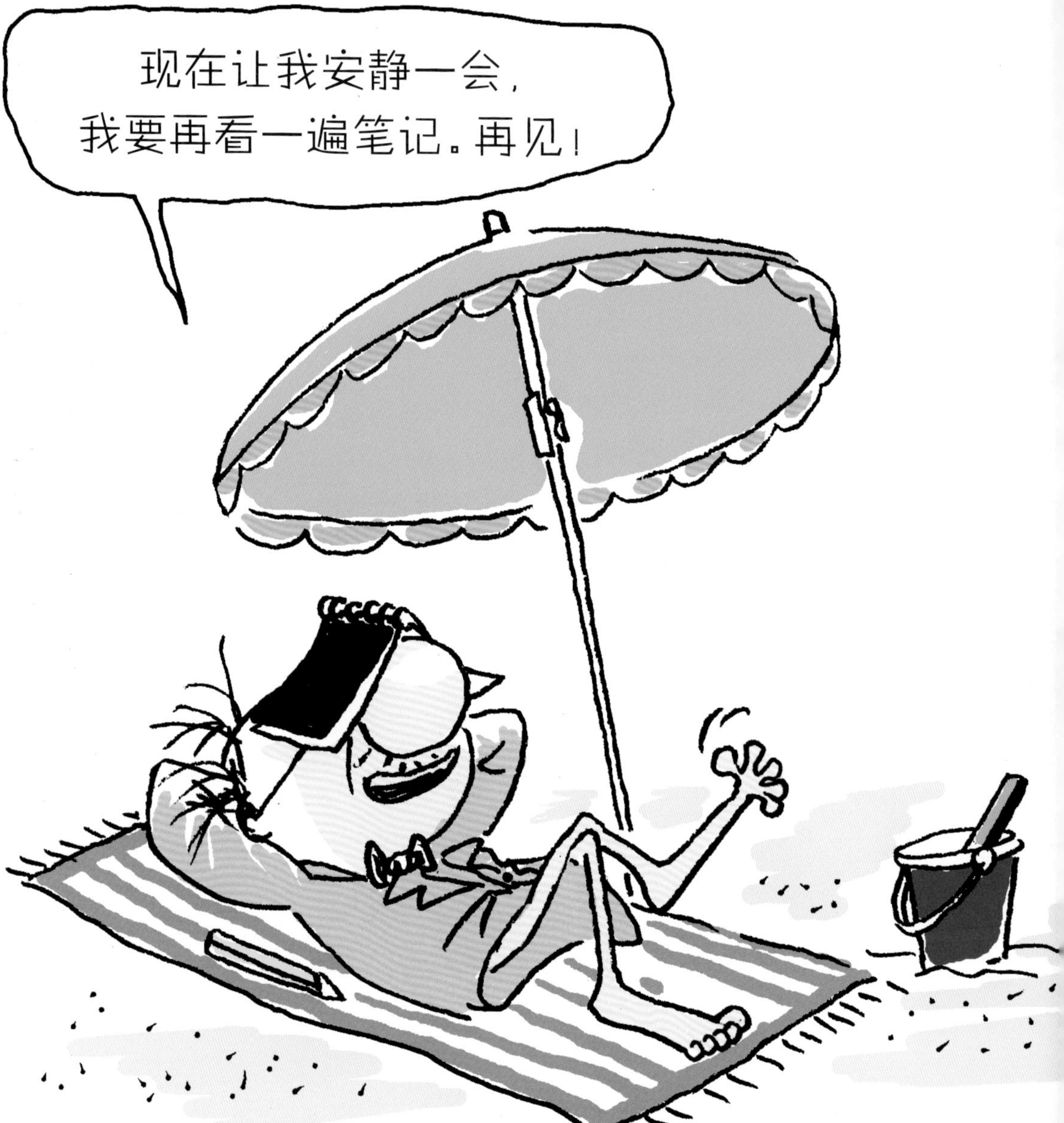
现在让我安静一会，
我要再看一遍笔记。再见！

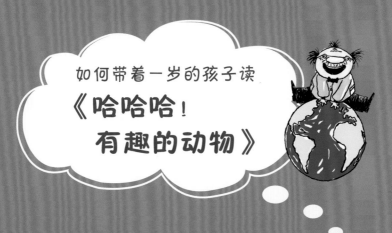

如何带着一岁的孩子读

《哈哈哈！有趣的动物》

一岁的孩子就能读科普书？

没错，因为这是永田达爷爷特别为低龄小朋友准备的启蒙科普书。家长们会发现，这本书的文字量很少，画面传递的信息非常精简，但是非常有趣，特别适合爸爸妈妈跟孩子进行亲子阅读。

赶紧和孩子一起打开这本《海洋里的动物》，跟着永田达爷爷一起来观察吧！

和孩子翻开书之前，可以让孩子说一说都知道哪些生活在海洋里的动物，最喜欢的又是什么。问一问孩子，海葵长得像什么？海胆长得像什么？海马是生活在海里的马吗？它也可以骑吗？寄居蟹为什么叫做寄居蟹呢？海星的手断了还能再长出来，陆地上有哪些动物的尾巴断了之后还能再长出来？问问孩子是不是很喜欢去海边玩？有一种鸟一年四季都住在海边，是什么呢？

图书在版编目（CIP）数据

哈哈哈！有趣的动物. 第三辑. 海洋里的动物 /（法）蒂埃里·德迪厄著；大南
南译. 一 长沙：湖南教育出版社，2022.11
ISBN 978-7-5539-9286-0

Ⅰ.①哈… Ⅱ.①蒂… ②大… Ⅲ.①海洋生物 – 动物 – 儿童读物 Ⅳ.①Q95-49

中国版本图书馆CIP数据核字（2022）第190684号

First published in France under the title:
Des bêtes avec du sable entre les orteils
Tatsu Nagata
© Éditions du Seuil, 2008
著作权合同登记号：18-2022-215

HAHAHA! YOUQU DE DONGWU DI-SAN JI HAIYANG LI DE DONGWU

哈哈哈！有趣的动物 第三辑　海洋里的动物

责任编辑：姚晶晶　陈慧娜　李静茹
责任校对：王怀玉
封面设计：熊　婷
出版发行：湖南教育出版社（长沙市韶山北路443号）
电子邮箱：hnjycbs@sina.com
客服电话：0731-85486979
经　　销：湖南省新华书店
印　　刷：长沙新湘诚印刷有限公司
开　　本：787 mm×1092 mm　1/16
印　　张：1.75
字　　数：10千字
版　　次：2022年11月第1版
印　　次：2022年11月第1次印刷
书　　号：ISBN 978-7-5539-9286-0
定　　价：95.00 元（共5册）